AF232219

COMICE AGRICOLE

DU SAHEL

COMICE AGRICOLE DU SAHEL

OBSERVATIONS SUR L'ÉTAT ACTUEL

DE LA

COLONISATION EUROPÉENNE

EN ALGÉRIE

ALGER

TYPOGRAPHIE DUCLAUX, RUE DU COMMERCE

1863

OBSERVATIONS

SUR L'ÉTAT ACTUEL DE LA COLONISATION EUROPÉENNE

EN ALGÉRIE

Le Comice agricole du Sahel croirait manquer à son premier devoir, — la défense des intérêts agricoles de la circonscription qu'il représente, — si, au milieu de la crise qui compromet si gravement ces intérêts, il n'élevait la voix pour démentir les imputations calomnieuses, répandues dans le public, contre la colonisation européenne.

Au moment même où la Colonie croyait toucher à la fin d'une situation anormale qui déprécie la propriété européenne, arrête les transactions commerciales et augmente incessamment le malaise des populations rurales ; on vient représenter la colonisation, comme une *humiliante négation*, — les colons, comme des *gens ruinés*, qui s'empressent de liquider leurs affaires en vendant leurs propriétés aux Arabes !

En présence de ces assertions fausses et exagérées, il faut, avant tout, substituer la lumière aux ténèbres, il faut éclairer l'opinion publique égarée, non pas en Algérie, où chacun connaît le mal et les remèdes qui peuvent le guérir, mais dans la métropole, où on est trop porté à attribuer l'état de faiblesse de la colonisation à notre inexpérience, pour ne pas dire à notre mauvais vouloir.

I.

L'auteur anonyme d'un pamphlet répandu à profusion, en France, parmi les sénateurs, les députés, les Conseillers d'Etat, dit textuellement (p. 49, *Indigènes et Immigrants*) : « L'Etat a concédé approximativement 200,000 hectares de terres domaniales aux immigrants ; les transactions privées ont fait passer entre des mains européennes à peu près 100,000 hectares de terres appartenant, à titre individuel, aux indigènes, et situées en général près des villes. Le lot européen se compose donc de 300,000 hectares sur le papier ; mais si on interroge les faits, on constate que *plus du tiers des hectares concédés a été revendu aux indigènes* ; ceux-ci occupent un second tiers comme locataires ou fermiers. Nous sommes certainement *au-dessous* de la vérité dans l'évaluation de cette rétrocession de terres faite par les Européens aux Indigènes. »

Nous disons, nous : Cette rétrocession de 100,000 hectares, vendus par les colons européens aux indigènes, est un mensonge audacieusement présenté au public avec tout l'art du sophiste et du pamphlétaire, sans citer le moindre document statistique à l'appui.

En ce qui concerne le territoire de la circonscription du Comice du Sahel, la seule concession vendue aux Indigènes est celle d'un colon, nommé Henry, située à Kakena, de la contenance de 11 h. 83 a. Le titre de concession est inscrit sous le numéro 1,784, en date du 11 mars 1856.

Nous défions qui que ce soit de nous citer d'autres faits de concessions rurales vendues par les colons aux indigènes, dans toute la banlieue d'Alger, dans les territoires des communes de de Douéra, de Koléah, etc.; en un mot, dans toutes les terres du Sahel, comprises entre l'Harrach et l'Oued-Nador, près Tipaza.

Ainsi, sur une superficie de 40,000 hectares, occupés par des Européens, on ne peut citer que 11 hectares 83 ares de concession, vendus par les colons aux indigènes !

Dans toute la plaine de la Mitidja, dont la partie possédée par les Européens présente une superficie totale de 95,000 hectares, on ne connaît que deux faits de concessions européennes revendues aux Arabes :

1° Aux Issers, sur la route de Dellys, sur une concession de 1,500 hectares, constituant le domaine de Bled-Menayel, environ 600 hectares (et non pas 1,000, comme il est dit au pamphlet en question, p. 50) ont été achetés par deux kaïds indigènes;

2° Sur les bords du vieux Bou-Roumi, une concession de 75 hectares a été achetée par le kaïd de Soumata, aux enchères publiques, après le décès de l'ancien propriétaire.

Voilà donc en tout 686 hectares 83 ares de concessions vendues aux Indigènes, sur une superficie de 135,000 hectares possédés par les Européens dans le département d'Alger.

II.

Nous ignorons si la proportion des concessions de terres vendues aux Indigènes par les Européens est la même dans la province d'Alger que dans le département. Dans le cas où cette proportion serait beaucoup plus considérable, cela ne prouverait rien contre la colonisation européenne, puisque celle-ci, comme chacun sait, ne trouve point, dans les territoires militaires, les conditions économiques indispensables à son développement.

En affirmant que les Européens ont vendu aux Arabes un tiers des propriétés rurales concédées et leur en louent un autre tiers, on prétend démontrer, sans doute, que les Européens ont plus de terres qu'ils ne peuvent en cultiver; mais, à ce compte-là, on peut tout aussi bien rétorquer l'argument contre les Indigènes eux-mêmes. C'est un fait notoirement connu de tous que, dans toute l'étendue du département d'Alger, ceux-ci s'empressent de vendre aux Européens, aussitôt qu'ils sont en possession d'un titre *régulier et valable* de propriété individuelle. C'est ce qu'il ne nous serait pas difficile de prouver par l'énumération de toutes les propriétés rurales acquises par les Européens, même dans ces deux dernières années, malgré la dépréciation des propriétés territoriales que nous subissons depuis cette époque.

Qu'est-il besoin de preuves, d'ailleurs, pour démontrer la tendance des Indigènes à se dessaisir de leurs propriétés territoriales, pour acquérir le bien-être qui leur manque, alors qu'il est constaté que la loi de 1851, défendant les transactions immobilières dans les territoires militaires, n'a d'autre but avoué que de mettre obstacle aux ventes des Indigènes aux Européens. Cela est tellement vrai que, lors de la discussion de cette loi à l'Assemblée nationale, un honorable magistrat, ancien procureur-général à Alger, aujourd'hui sénateur (M. Barbaroux), a fait remarquer combien les dispositions de cette loi étaient contraires au droit commun. Elle porte, en effet, atteinte à la liberté des transactions, non-seulement des Européens avec les Indigènes, mais aussi des Indigènes entre eux, puisque, par elle, un Arabe ne peut acquérir de propriétés dans une tribu étrangère à la sienne. Il en résulte, en outre, une singulière anomalie, c'est que les Arabes peuvent acquérir des terres dans le territoire civil abandonné aux colons, tandis que les Européens ne sont pas libres d'en acquérir dans le territoire militaire réservé aux Indigènes.

Ce n'est nullement par motif de jalousie, on peut le croire, que nous regrettons cet avantage fait par la loi de 1851, nous ne dirons pas aux Indigènes, mais à leurs chefs, les seuls en état d'en profiter. Nous ne demandons pas de priviléges exclusifs, tant s'en faut ; nous venons, au contraire, plaider la cause de la liberté des transactions et de la propriété individuelle, indispensables l'une et l'autre, tout autant à la prospérité de la colonisation européenne qu'au développement de la civilisation indigène. Que les Arabes soient libres d'acheter des terres et d'importer leur industrie agricole partout où bon leur semblera, c'est ce que nous désirons, pourvu qu'on veuille bien nous accorder la même faculté.

Que faut-il, en effet, pour amener, sur le sol algérien, cette fusion des intérêts indigènes et européens, indispensable aux progrès de notre agriculture ? Rien autre chose que la destruction des barrières qui maintiennent aujourd'hui les deux populations dans l'isolement. Ces barrières une fois détruites, nous verrons bien si la colonisation européenne est aussi défaillante qu'on voudrait bien le persuader à la Métropole.

III.

Une autre insinuation, non moins perfide que les précédentes, est contenue dans les phrases suivantes du pamphlet en question (page 50) : « Nous négligeons de relever la quantité d'hectares qui restent sans culture entre les mains des *concessionnaires*. De ce côté, on le voit, le résultat obtenu n'est pas en proportion avec les efforts et les dépenses de l'Etat. »

Et d'abord, nous le demandons à tout homme de bonne foi, est-il juste, est-il équitable de rendre la colonisation européenne responsable d'une situation qui n'est que la conséquence d'un régime colonial en opposition, nous ne dirons pas avec les saines doctrines de l'économie rurale, mais encore avec les plus simples notions du sens commun ? Comment ! c'est à nous, qui sommes les victimes de cet absurde système des concessions obligatoires, que l'on vient reprocher les tristes effets de ce système ! Que l'on fasse retomber ce reproche sur la tête de ceux qui ont profité de ces abus, rien de plus juste ; mais ceux-là, à coup sûr, ne sont pas nos colons du Sahel, auxquels on a distribué, d'une main si avare, quelques parcelles de terrain, sans parler de ceux, dont nous pourrions citer les noms, qui attendent encore une réponse à leurs demandes de concessions, déjà vieilles de plus de dix ans.

Lorsqu'on a commencé à mettre en pratique, dans le Sahel, le système des concessions, les lots de terrain concédés à chaque famille de colons ne dépassaient pas quatre hectares. Les hommes qui présidaient à l'inauguration de ce mode de colonisation, étrangers aux plus simples notions de l'agriculture algérienne, ne pouvaient prévoir les conséquences de ce morcellement du sol qui, non-seulement rend impossible l'élève du bétail, mais qui encore ne permet pas au cultivateur d'entretenir en bon état ses bêtes de travail, ni, à plus forte raison, de se procurer la quantité de grains nécessaire pour ses terres emblavées.

C'est à cette étrange bévue de nos anciens administrateurs qu'il faut attribuer la permanence des terrains incultes, qui forment nos communaux sur plusieurs points du Sahel. Ces terrains, en effet, nous sont indispensables pour l'entretien de notre bétail. Sans doute, le système de la vaine-pâture, auquel la plupart de nos colons sont forcés d'avoir recours, à l'instar de nos voisins les Arabes, est une méthode barbare, comparativement aux autres méthodes de culture pastorale, préconisées en France par nos agronomes ; mais, encore une fois, ce mauvais système n'est que la conséquence du morcellement excessif des terres, imaginé précisément dans un but opposé à ses résultats, et dont nous n'acceptons pas la responsabilité.

La manière la plus équitable d'apprécier la signification générale des résultats obtenus par la colonisation européenne, serait de mettre en parallèle, dans chaque localité, l'état des cultures anciennes sous la domination musulmane avec celui des cultures européennes actuelles, même sans tenir compte des conditions défavorables qui ont paralysé si souvent les efforts des premiers colons.

Qu'étaient les terres du Sahel d'Alger quand la colonisation commença à s'y établir, sous les auspices du maréchal Bugeaud ; plusieurs d'entre nous se souviennent encore de l'état d'inculture et de dépréciation où elles se trouvaient toutes. Partout des maquis de palmiers-nains et de broussailles improductives ; partout des marais infects ou des landes desséchées. Dans les terrains argilo-calcaires de la partie occidentale, terrains impropres à la production des végétaux ligneux, erraient quelques troupeaux de bêtes à laine, n'ayant pour toute pâture que des espaces gazonnés, constituant à peine le dixième de la superficie totale. Dans les terrains siliceux de l'est, quelques forêts basses, ayant pour essences principales des liéges, des lentisques, des oliviers sauvages, des arbousiers, souvent aussi des chênes verts et des pins maritimes d'Alep. Enfin, dans les vallées arrosées les plus voisines d'Alger, des jardins assez nombreux, cultivés par les Maures et plantés de divers arbres fruitiers, dont on était loin de tirer tout le parti possible.

La plupart des terrains dont nous venons de parler ont changé de face aujourd'hui. Sans parler des riches cultures maraîchères qui entourent Alger, cultures dont le revenu moyen est de 1,000 fr. l'hectare, il suffit de parcourir les villages du Sahel pour se convaincre de l'importance des résultats obtenus par la culture européenne. Que d'efforts persévérants, que de sacrifices ont eu à s'imposer les concessionnaires de ces villages et les propriétaires des fermes pour transformer les maquis de palmiers-nains, les marais et les landes, en champs de blé, en cultures de plantes industrielles, en jardins, en vergers, en vignobles ! Sans doute, tous ne se sont pas enrichis dans ces utiles travaux, mais ils ont, du moins, augmenté la valeur du sol. Des terres, que personne n'eût voulu louer, dans le principe, 1 franc l'hectare, ont aujourd'hui décuplé et centuplé de valeur, et cette valeur n'est pas fictive, puisqu'elle repose sur le revenu.

Citons, pour exemple, la commune de Douéra, la moins riche du Sahel. A la fin de 1862, on comptait 1,966 hectares en culture. Sur ce chiffre, en déduisant environ le tiers, primitivement défriché, il faut compter au moins 1,200 hectares, conquis sur les broussailles et les palmiers-nains. Or, le défrichement de ces broussailles coûte, en moyenne, 500 francs par hectare. C'est donc 600,000 francs qui ont été dépensés par les colons seulement pour la préparation de leurs terrains de culture. Si nous joignons à cette somme la valeur de 296 maisons, estimées en moyenne à 1,500 francs chaque, soit 670,000 francs, chiffre porté au minimum de rendement, plus la valeur des plantations d'arbres, s'élevant à 39,300 pieds, celle des vignes, des bestiaux, des instruments de travail, on voit que les dépenses et le travail du colon de Douéra représentent bien près de deux millions de francs.

Il est bien entendu qu'il n'est nullement question, dans cette estimation approximative des travaux et des dépenses de l'Etat.

IV.

Les appréciations critiques du pamphlet *Indigènes et Immigrants* sur les cultures des Européens, et la préférence accordée sur celles-ci aux cultures indigènes, témoignent, chez son auteur, d'un esprit de dénigrement égal à son ignorance des notions de culture les plus élémentaires.

Il est dit à ce sujet (page 34) : « En présence des capricieuses péripéties du climat, les cultivateurs sagaces se demandent si l'Indigène, labourant *légèrement* de grands espaces, n'est pas mieux avisé que l'Européen qui concentre ses efforts sur un point limité, jouant, chaque année, une partie de ruine ou de succès, avec la sécheresse, les pluies torrentielles, la grêle, les brouillards du matin et le vent du désert. Si l'on examinait la situation agricole avec attention, peut-être découvrirait-on que les faits donnent souvent raison à ce que nous appelons la routine indigène contre la science exotique. Il n'y a rien d'universel ni d'absolu en fait d'expériences. »

Il y a déjà longtemps qu'on a dit, avec raison, que l'agriculture était *une science de localités* ; mais c'est aussi une science qui a des principes généraux, s'appliquant à toutes les localités, aussi bien en France qu'en Algérie. Or, à qui veut-on persuader que les labours *légers*, ou pour mieux dire *superficiels* des Arabes valent mieux, pour préserver les récoltes de la sécheresse, etc., que les labours profonds des Européens ? C'est, sans doute, aux agronomes qui ne connaissent point encore les avantages des charrues *à versoir*, et qui trouvent *l'araire sans roues peu supérieur à la charrue employée par les Arabes* ; en tous cas, ce n'est pas à M. Moll, dont l'auteur invoque le témoignage pour un autre sujet. Voici ce que dit le savant professeur du Conservatoire (*Colon. et agric. de l'Algérie*, t. I, p. 143) : « J'ai déjà dit qu'on ne pouvait pas appeler *labour* la façon que donnent les Arabes à la terre. Les personnes qui connaissent le *dental* du midi (l'araire arabe est plus grossier et plus défectueux encore) seront de mon avis, surtout si l'on ajoute qu'aucune adresse de la part de l'ouvrier ne vient atténuer, comme cela se voit chez nous, le mauvais effet de la défectuosité de l'instrument. »

Si, comme le prétend l'auteur, les faits donnaient raison à la *routine indigène* contre la *science exotique*, il faudrait brûler nos charrues perfectionnées pour adopter l'araire primitif des Indigènes ; malheureusement pour lui, les faits donnent raison à la théorie. On sait que les Arabes obtiennent en moyenne, par hectare, de 4 à 5 hectolitres de céréales. Les cultivateurs du Sahel obtiennent une moyenne de 10 à 12 hectolitres de céréales par hectare cultivé.

Les récoltes arabes sont encore moins à l'abri de la sécheresse et autres mauvaises chances que les nôtres, puisque, l'année dernière, ils ont souffert beaucoup plus que nous de la mauvaise saison.

Ajoutons encore, pour en finir avec la culture des céréales, que si l'Européen *concentre ses efforts sur un point limité*, c'est qu'il ne peut faire autrement, faute d'avoir à sa disposition, comme l'Arabe, des terrains *illimités*. S'il sème de préférence le blé tendre, c'est que la valeur commerciale et le rendement de celui-ci sont supérieurs à ceux du blé dur.

Nous voilà suffisamment édifiés au sujet de la science agricole de notre auteur. Les colons se sont bien vite aperçu, en lisant son chef-d'œuvre, qu'il ne sortait pas des écoles de Grignon ou de Roville.

Mais peut-être, dira-t-on, s'il n'est pas fort sur les principes, connaît-il mieux l'agriculture des localités. Hélas ! sous ce dernier rapport, nous ne voyons guère que quelques solécismes agricoles dont il émaille çà et là son triste pamphlet.

Exemple : p. 34, il s'énonce ainsi : « Nous n'avons pas entendu confesser qu'après avoir fait, pour l'ensemencement, l'essai des diverses qualités des céréales, on avait reconnu le blé dur des Indigènes comme donnant les meilleurs résultats ? Le même aveu a été fait pour le maïs, pour les fèves ; nous pouvons ajouter pour le tabac indigène, puisque les plants indigènes sont d'une qualité incontestablement supérieure et se vendent à un prix beaucoup plus élevé. »

Quant aux céréales, nous savons déjà à quoi nous en tenir ; voyons pour le maïs. Ici, nous devons apprendre à notre auteur, qui l'ignore apparemment, que les Indigènes ne cultivent le maïs que dans les terrains à l'arrosage ; sans doute, parce qu'ils ne peuvent le cultiver avec succès dans les terrains secs qui demandent plus de façons et d'engrais qu'ils ne peuvent en donner. Si leur maïs vaut mieux que le nôtre, ce que nous avions ignoré jusqu'ici, il faut dire aussi qu'il coûte davantage au cultivateur, en raison de la cherté des terrains irrigués.

Nous avons des qualités de fèves bien supérieures à celles des Arabes, lesquelles ne sont, d'ailleurs, que des variétés bien connues, dégénérées par le fait d'une culture fort peu soignée.

Les plants indigènes de tabac ne sont d'une qualité supérieure aux autres variétés que pour la régie, qui, étant malheureusement notre plus fort acheteur, attribue aux qualités qu'elle achète la valeur vénale qui lui convient. Ainsi, lorsque, dans le principe, les colons ont cultivé diverses variétés, telles que le tabac philippin, le Maryland, le Virginie, etc., c'est parce que la régie leur demandait de préférence ces qualités. Aujourd'hui, c'est le tabac arabe qu'elle préfère, cela ne prouve rien du tout en faveur des qualités de ce dernier.

C'est un fait reconnu, d'ailleurs, que la culture du tabac des Indigènes est inférieure à celle des Européens, précisément parce qu'ils ne savent pas la faire sans irrigation, ce qui la rend nécessairement plus coûteuse. La valeur commerciale des tabacs cultivés *sans irrigation*, dans le Sahel, est très supérieure à celle des autres qualités irriguées. Nous pourrions citer de nombreux exemples de colons ayant atteint le maximum des prix donnés par toutes les coupes et pour la totalité de leur récolte.

En terminant ce chapitre des cultures indigènes progressives, nous exprimons à l'auteur du pamphlet de l'*Algerie française,* nos regrets de ne pas voir figurer dans son œuvre le compte rendu des plantations de vignes et de pommes de terre ordonnées dans ces derniers temps, et exécutées sous la surveillance des chef indigènes. On sait, en effet, qu'en 1861–62, un million de ceps de vigne ont été plantés dans le cercle d'Orléansville. Nous serions curieux de savoir combien il en existe encore aujourd'hui.

V.

Dans le paragraphe précédent, nous avons fait justice de ces assertions erronées, de ces insinuations malveillantes, à l'aide desquelles on avait cru démontrer l'infériorité des colons européens, en fait des cultures propres à l'Algérie ; reste maintenant à examiner si les Arabes, qu'on nous représente sans cesse comme des *pasteurs émérites*, sont réellement supérieurs à nos colons comme producteurs de bétail.

Prenons pour exemple la production des bêtes ovines, qui est, sans contredit, à la tête des industries agricoles de l'Algérie.

Chacun sait que le point capital de l'exploitation des bêtes à laine, c'est d'avoir à sa disposition une étendue de terrain suffisante pour la pâture des troupeaux. Sous ce rapport, on pratique, en Algérie, deux modes d'exploitation bien distincts : l'exploitation des troupeaux *transhumants*, et celle des troupeaux *sédentaires*.

L'exploitation des troupeaux transhumants a lieu sur les hauts plateaux et le Sahara. Elle est nécessairement interdite aux colons européens, puisque ceux-ci n'ont pu pénétrer encore dans une contrée réservée spécialement aux Indigènes.

Quant à l'exploitation des troupeaux sédentaires propre au Tell, elle n'est guère permise qu'aux grands concessionnaires ;

la masse des cultivateurs européens se trouvant encore aujour-
d'hui parquée dans des lots de terrain divisés à l'infini.

Les Arabes, au contraire, indépendamment des vastes étendues qu'ils occupent dans le Tell, possèdent en entier les hauts
plateaux, dont le sol est couvert de pâturages on ne peut plus
favorables à la nourriture des bêtes à laine.

Ainsi donc, tous les avantages sont du côté de ces derniers,
tous les désavantages du côté des colons européens.

Voyons maintenant les résultats.

La transhumance des troupeaux de moutons n'est nullement
un système de culture pastorale, propre aux Arabes, comme on
l'a dit à tort, puisque, sans parler du Cachemyr, où cette méthode est pratiquée de temps immémorial, plusieurs d'entre nous
l'ont vue fonctionner dans les départements de l'ancienne Provence, situés aux pieds des Alpes, où elle donne d'excellents
résultats.

Dans le Sahara algérien, tous les ans, les troupeaux sont di-
rigés, en hiver, vers le midi. En été, ils reviennent sur les hauts
plateaux ou steppes. C'est la grande tribu des Ouled-Naïl, qui
s'étend dans les trois provinces, qui fournit presque tous les
bergers transhumants qui font pâturer ces troupeaux, s'arrêtant
plus ou moins longtemps dans chaque localité, suivant l'abon-
dance ou la pénurie des pâturages, en sorte que les propriétaires
sont nécessairement forcés de s'en rapporter à ces conducteurs
plus ou moins expérimentés, qui retirent constamment les meilleurs profits de ce genre d'exploitation.

Ce n'est pas ainsi que l'on pratique, en Provence, cette industrie. On peut évaluer à plus de 600,000 le nombre des animaux
qui paissent, pendant l'été, les cultures, dites pastorales, des
Alpes, et qui descendent, pendant l'hiver, dans les lieux de
station, situés principalement dans le vaste territoire d'Arles et
dans la Camargue. Leur voyage dure de vingt à trente jours. Ils
bivouaquent pendant la nuit, où on a soin de les resserrer autant
que possible, pour que l'ensemble occupe moins d'espace, et pour
rendre plus facile la surveillance incessante que demande une
pareille réunion. Deux bergers, qui se relèvent à tour de rôle,
circulent pendant la nuit entière autour du bivouac et veillent
attentivement à ce que nul ne s'en écarte. De gros chiens des

Alpes, munis de colliers à pointes de fer, remplissent les mêmes fonctions, et, dans le jour, flanquent ou suivent les troupeaux, qu'ils ont mission de défendre contre les loups. Enfin, chaque matin, les veilleurs de nuit sont tenus d'aller faire leur rapport à la *Robbe*, qui est le quartier-général où se tiennent les chefs ou conducteurs de la caravane, appelés *Bayles*, lesquels tiennent les registres de comptabilité, dont ils sont responsables vis-à-vis des propriétaires.

Le régime auquel sont soumis les troupeaux transhumants a, pour principaux résultats, de rendre les laines plus belles, la chair des moutons plus succulente et de préserver le bétail de beaucoup de maladies, principalement des épizooties, peu communes dans les pays secs et montagneux. « En Espagne, dit Lasteyrie (*Traité sur les bêtes à laine d'Espagne*, p. 24), la beauté et la finesse des laines que donnent les troupeaux transhumants, est plutôt l'ouvrage de la nature que celui de l'art. » Aussi n'est-il pas douteux, pour nous, qu'on arriverait bien vite, en Algérie, à perfectionner les laines grossières que les Indigènes retirent de leurs troupeaux transhumants, si l'on permettait aux colons européens d'entreprendre ce genre d'exploitation, tel qu'on le pratique en Espagne et en Provence.

L'administration militaire a cru devoir adopter une autre marche pour arriver à ce résultat ; elle a voulu diriger les cultures pastorales des Indigènes, tout comme, dans le territoire civil, on voulait, dans le temps, réglementer les cultures européennes. Qu'en est-il résulté ? C'est ce que nous apprend le passage suivant, emprunté à un travail du d\r S. Rose-Suquet, inséré dans le *Bulletin de la Société impériale d'agriculture* (4e trim. 1862).

« A l'autorité militaire incombait principalement la direction de cette industrie, spéciale jusqu'ici aux Indigènes ; les bureaux arabes, dans leurs tentatives de réforme des mauvaises habitudes pastorales, ont réalisé plus d'un progrès : la substitution des ciseaux à la faucille, la généralisation de la castration, la conduite à la lutte : leur zèle a même été bien loin quelquefois, réforme de telle espèce, défaite des animaux à tête et extrémités de couleur foncée.... Cependant, après un si grand nombre d'années, et malgré la constance d'efforts dévoués, qui rappellent de loin ceux des Pères au Paraguay, si l'on excepte quelques essais dans le voisinage des centres, l'on peut dire que la question n'a guère progressé. C'est qu'il ne suffit pas, pour régénérer une race, de substituer un bélier de sang pur à un autre de moindre valeur : ce qui importe surtout, c'est de donner aux produits un logement sain, une nourriture substantielle et égale, et surtout de persévérer dans le plan adopté. — Nous le répétons : à cette heure, les troupeaux sont inférieurs en nombre à ce qu'ils étaient il y a quelques années ; — la laine, ainsi que l'écrivait un professeur d'Alfort, n'est pas même de qualité médiocre ; — le poids de la viande nette a baissé.

» L'expérience est donc complète, et il n'est plus possible de conserver les espérances qu'exprimait le *Moniteur* du 10 décembre 1855, et nous sommes fondé à dire qu'il faut mettre de côté le plan tracé alors, les errements qui en découlent, et que le moment est venu d'entrer dans une ère nouvelle. Nous croyons que, pour le bien de la chose publique, il faut rendre aux Arabes la liberté pleine et entière de revenir à leurs coutumes traditionnelles pour la production et la conduite de leurs troupeaux, laissant à leur intérêt de les diriger dans l'imitation de ce qu'ils verront pratiquer avec fruit par les Européens. S'ils arrivaient à faire des approvisionnements de paille, ce serait, pour leurs bêtes, la grande affaire, croyons-nous ; l'expérience montre partout que l'immixtion de l'autorité, poussée trop loin dans les industries privées, ralentit plutôt qu'elle n'excite, et la susceptibilité si méfiante de l'Arabe nous porte à croire qu'il a dû être moins disposé à s'intéresser à l'élevage lorsqu'il lui était, pour ainsi dire, commandé. Nous n'hésitons pas à faire entrer cette cause en ligne de compte parmi celles qui tiennent l'industrie ovine en état de souffrance.

» Quant aux éducateurs européens, l'Etat ne devra qu'une chose, celle que les émigrants rencontrent en Amérique, en Australie, au Cap.... des parcours à des prix convenables ; la sécurité actuelle leur suffit. »

Nous n'avons rien à ajouter à ces lignes, écrites tout récemment par un homme parfaitement au courant des choses.

Voyons maintenant si les Arabes du Tell sont plus heureux que leurs compatriotes du Sahara pour la production du mouton.

Hélas ! il s'en faut de beaucoup. D'abord, ils n'ont pas de meilleur résultat, quant à la qualité des laines et au poids de la viande, et puis, leurs troupeaux sont décimés, presque tous les ans, par des épizooties qui n'ont point le caractère contagieux si fréquent en d'autres pays, mais qui sont provoquées par le manque de soins et la famine. « Pendant les deux ou trois mois que dure le mauvais temps, dit M. Bernis (*Bull. de la Soc. imp. d'agr.*, 2ᵉ trim. 1857), les Arabes n'ayant ni abri, ni nourriture supplémentaire à offrir à leurs bestiaux, en perdent beaucoup de la maladie qu'ils nomment *bedrouna* et que nous appelons *marasme*; le mot *bedrouna* signifie *disette*. Après les pluies abondantes de l'hiver, les pâturages du printemps et du commencement de l'été devenant très riches, les troupeaux passent, sans cette transition qu'il est si utile d'observer dans l'élevage des animaux, de la maigreur extrême à l'engraissement, du marasme à la pléthore, et contractent le *meurara* (sang de rate), maladie épizootique non contagieuse, qui ne manque jamais de faire de grands ravages. »

C'est bien certainement à ces causes de dépérissement qu'il faut attribuer la faiblesse de la production moutonnière en Algérie. En effet, nous ne possédons en tout que 10 à 12 millions de bêtes à laine, c'est-à-dire un peu moins d'une tête par quatre hectares, alors que la France produit deux tiers de mouton par hectare et l'Angleterre deux têtes. « Or, dit le dᵣ Suquet (*op. cit.*), à deux têtes par hectare, l'Algérie en nourrirait 80 millions et si elle obtenait une laine semblable à celle de Victoria (Australie), le produit dépasserait 600 millions de francs.

» L'exportation, par tous les ports de l'Algérie, a été, pour les dix premiers mois de 1861, de 44,694 moutons ; c'est-à-dire qu'elle ne sera pas la *moitié* de celle de l'année passée. Dans le même espace de temps, il a été exporté 3,440,070 kil. de laine. »

Que devient, en face de ces chiffres officiels, l'assertion menteuse de l'auteur du pamphlet : *Algérie française :* « *L'exportation des bestiaux prend tous les jours une importance plus grande !*

Quant aux résultats obtenus par les colons européens, pour le perfectionnement des races, ils sont tels qu'on peut affirmer que, s'ils étaient placés dans de bonnes conditions économiques, ils doubleraient en peu d'années la population ovine, et comme, en doublant en nombre, elle aurait aussi triplé de valeur, l'accroissement de la production serait par conséquent sextuple.

Selon M. Héricart de Thury, dans les troupeaux de l'Arbal, 268 toisons de brebis métisses, à la quatrième génération, ont donné une moyenne de 1 k. 870 g., vendus 3 fr. 92 c. le kil. lorsque le prix des laines arabes n'était que de 1 fr. le kilo. Le poids de viande nette, selon le même auteur, était de 55 0/0, au lieu de 45 qu'il était au début.

Enfin, nous ajouterons, pour terminer, que dans l'hiver de 1856–57, alors que la statistique officielle constatait que les Indigènes avaient perdu 800,000 têtes de bétail, les colons européens n'ont éprouvé aucune perte, et l'on vient nous dire (p. 64) que *nous avons plus à apprendre* des Arabes qu'à leur *enseigner*, mais n'est-ce donc point un colon de Dély-Ibrahim, qui a présenté, cette année même, un bœuf gras de 1,200 kilos ? Qu'on nous cite un Indigène qui en ait fait autant.

VI.

Il ne suffisait pas à l'auteur du pamphlet, *Indigènes et immigrants*, d'avoir rapetissé la colonisation européenne, en niant ou dénigrant ses résultats ; de l'avoir humiliée, en envoyant les cultivateurs français à l'école des prétendus paysans arabes ; il a voulu encore la flétrir, en signalant à la Métropole les colons comme des spéculateurs, des agioteurs (p. 55), qui ne demandent à grands cris le cantonnement des tribus que pour voir s'ouvrir un vaste champ de spéculation sur les biens ruraux et vendre aux Indigènes, à un prix élevé, les terres que l'État leur aurait données gratuitement.

Ainsi, ce sont des agioteurs, ces 200,000 colons qui, en vingt ans, ont créé ou restauré *trois cent trente* villes, bourgs, ou villages ; couvert de fermes, d'usines, de centres d'exploitation, de très grands espaces ; défriché, assaini, planté d'immenses étendues de terrain, beaucoup plus considérables que le chiffre de la population européenne ne peut le faire supposer, plus peut-être qu'il ne comportait !

Si l'on met en suspicion la valeur des résultats acquis par la colonisation, que l'on consulte la statistique des polices d'assurances, dont le chiffre total s'élève déjà à près d'un milliard, non compris les terres et les matières commerciales courantes qu'on n'assure pas, et qui permettent d'évaluer la richesse générale des colons, tant en meubles qu'en immeubles, à un milliard et demi, si ce n'est à deux milliards.

Ce sont des agioteurs, ces hommes intrépides, hardis pionniers de l'immigration, qui bravent tous les jours la fièvre et les privations de tous genres, pour assurer à leurs familles un patrimoine bien gagné par leurs sueurs et leurs souffrances, tout comme ceux qui les ont précédés l'ont conquis au prix de leur sang.

Oui, voilà les hommes que l'on signale au mépris et au délaissement de leurs compatriotes ; eux, à qui nos manufactures, nos ports de commerce doivent une partie si considérable de leur fortune actuelle ; eux qui, chaque année, paient 50 millions aux créanciers des 500 millions qui font le total de la dette coloniale !

Quelle était donc la valeur primitive de ces terres, dont ils ont, dit-on, dépouillé les Indigènes ? Nous l'avons déjà dit : c'était, même aux environs des villes, des terres que personne n'eût voulu louer à 1 franc l'hectare ; les acheter à 10 francs eût été une fort mauvaise affaire. Eh bien ! ces terres, il faut qu'on le sache bien, les immigrants les ont enrichies avec le capital qu'ils ont apporté. Ce capital, ils l'ont plus que décuplé sur place par le produit journalier de leur travail et de leur intelligence ; et quand l'argent leur a fait défaut, soit pour améliorer leur œuvre, soit pour prendre part à de nouvelles entreprises, ils ont fait appel au crédit européen, qui s'est empressé de venir à leur secours, sur les garanties matérielles, qu'ils lui offraient.

Que la colonisation agricole soit supprimée demain, qu'elle *active sa liquidation*, que les immigrants soient employés à la colonisation industrielle et commerciale, comme le veut l'auteur du pamphlet (p. 43 et s.), et nous verrons quelles sont les garanties que le travail agricole des Indigènes pourra offrir au crédit de la Métropole, et à quels moyens on aura recours pour attirer les capitaux vers les entreprises industrielles ou commerciales qu'on nous réserve. En vérité, il faut avoir perdu le souvenir de toute notion économique, pour oser livrer à l'impression de si pitoyables absurdités ! Voyez-vous d'ici cette prospérité promise aux entreprises commerciales et industrielles dans les territoires militaires de l'Algérie ! comme si ces entreprises n'exigeaient pas, tout autant que l'agriculture, les capitaux, le crédit, la liberté de main-d'œuvre et les voies de communication ! Comme si tout cela pouvait s'improviser du jour au lendemain, dans un pays où il faut soigneusement maintenir le *statu quo* et les habitudes *pastorales* des Indigènes !

Allons plus loin. — Puisque les adversaires de la colonisation n'ont pas hésité, malgré les protestations les plus solennelles, à traduire le mot de *cantonnement* par celui de *spoliation* des Indigènes, au profit de la spéculation et de l'agiotage, ne serait-il pas permis aux colons de se demander si on ne prêterait pas aux autres le mal dont on est soi-même atteint.

Au profit de qui a-t-on jeté récemment dans le public ces sophismes audacieux, dont nous venons de faire justice ? Écoutons l'auteur du pamphlet *Indigènes et Immigrants*, il va nous donner réponse.

« Les Indigènes algériens sont des régnicoles à préparer pour la civilisation.... Provisoirement, ils resteront sous un gouvernement *paternel*, qui est essentiellement dans le goût des peuples orientaux et musulmans... Pour que l'œuvre de la régénération soit possible, il faut maintenir, au moins pour un temps. l'organisation sociale des groupes indigènes.... Les chefs et les classes parasites vivent, nous ne l'ignorons pas, aux dépens de la population ; ils absorberont sans doute une large part des *avantages dont notre administration dotera le pays*. Cette prélibation, abandonnée aux chefs, est dans les habitudes du pays ; elle sera toujours moins lourde que par le passé, et ne pourra pas être de longue durée (p. 46). »

Les colons, qui connaissent bien les *habitudes de prélibation* des chefs indigènes, savent que si jamais un argument *ad hominem* a pu être légitime, c'est dans le cas actuel, où il s'agit, pour ces chefs de conserver des priviléges incompatibles avec une civilisation plus avancée. Eux seuls, d'ailleurs, sont en état de rémunérer convenablement cet habile plaidoyer en faveur de leurs intérêts, complètement distincts de ceux des tribus, qu'ils gouvernent *paternellement*.

Quant au goût singulier qu'on prête aux populations indigènes pour les chefs et les *classes parasites* qui vivent à leurs dépens, nous ne l'avons jamais soupçonné ; il faut croire, pourtant, que ce goût n'est pas aussi prononcé qu'on veut bien le dire, puisque nous n'avons jamais pu constater, chez les Arabes qui vivent au milieu de nous en territoire civil, le moindre regret d'avoir été soustraits au gouvernement *patriarchal* des grands chefs.

Nous ne voyons pas trop bien non plus comment l'attachement des populations indigènes pour leurs institutions sociales actuelles peut se concilier avec les conditions économiques, indispensables, *en tous pays*, pour le développement du progrès agricole. Ainsi, par exemple, comment les Indigènes pourront-ils obtenir le crédit ou l'argent nécessaires pour les améliorations d'un territoire, dont ils auront la possession collective, alors qu'ils ne pourront vendre un territoire *inaliénable?* Ces propriétés collectives resteront donc forcément des biens de *main-morte*, éternellement frappés de discrédit par l'impossibilité de vendre ou d'emprunter.

D'après les us et coutumes *traditionnels chez les Indigènes* et auxquels *il faut bien se garder de toucher*, l'impôt est souvent converti en journées de travail, c'est-à-dire en corvées personnelles. Ces procédés ont pour conséquence d'atteindre la liberté *de la main-d'œuvre* et de maintenir sous le joug du servage et de la misère des populations qui, sur une terre aussi fertile, pourraient aspirer à l'aisance, si l'impôt, moins par lui-même que par son mode de perception, ne pesait pas aussi lourdement sur elles.

Cette atteinte à la liberté de la main-d'œuvre, pas plus que la propriété de main-morte, ne sauraient marcher de pair avec le progrès agricole, et nous sommes en droit de nous demander si l'auteur du pamphlet, *Indigènes et Immigrants*, n'a pas étrangement abusé de l'équivoque, lorsqu'il expose ainsi les problèmes d'économie politique à résoudre par le gouvernement (p. 74) :
« Division du travail entre les immigrants et les Indigènes pour la création de la richesse ; — liberté du travail, se résolvant dans le libre classement des aptitudes de chaque race ; — répartition des richesses, préparée et facilitée par l'impartiale

distribution des instruments de travail, c'est-à-dire du crédit. »

Nous savons parfaitement ce qu'on veut dissimuler derrière ces belles paroles, et nous répondons à ces fictions intéressées en demandant : pour les indigènes, la constitution de la *propriété individuelle* dans le plus bref délai ; pour les immigrants, la *liberté des transactions* dans tout le sol de l'Algérie.

Pour copie conforme :

Le Président du Comice du Sahel,

LOGRÉ.

Le Secrétaire

COMBALOT.